手绘星球

全景图鉴

地面底下藏什么

[英]安妮塔·加纳利　[英]凯特·佩蒂◎著　[英]杰克·伍德◎绘　杨文娟◎译

H.P.H 哈尔滨出版社
HARBIN PUBLISHING HOUSE

黑版贸审字 08-2020-037 号

图书在版编目（C I P）数据

地面底下藏什么 / (英) 安妮塔·加纳利, (英) 凯特·佩蒂著 ; (英) 杰克·伍德绘 ; 杨文娟译.— 哈尔滨 : 哈尔滨出版社, 2020.11

（手绘星球全景图鉴）

ISBN 978-7-5484-5439-7

Ⅰ. ①地… Ⅱ. ①安… ②凯… ③杰… ④杨… Ⅲ. ①地质学 – 儿童读物 Ⅳ. ①P5-49

中国版本图书馆CIP数据核字(2020)第141866号

Around and About The ground below us
First published by Aladdin Books Ltd in 1993

An Aladdin Book
Designed and directed by Aladdin Books Ltd.
PO Box 53987, London SW15 2SF, England

书　　名： 手绘星球全景图鉴. 地面底下藏什么
SHOUHUI XINGQIU QUANJING TUJIAN. DIMIAN DIXIA CANG SH

作　　者： [英]安妮塔·加纳利　[英]凯特·佩蒂　著　[英]杰克·伍德　绘　杨文娟　译
责任编辑： 杨浥新　赵　芳　　**责任审校：** 李　战
特约编辑： 李静怡　　**美术设计：** 官　兰

出版发行： 哈尔滨出版社（Harbin Publishing House）
社　　址： 哈尔滨市松北区世坤路738号9号楼　**邮编：** 150028
经　　销： 全国新华书店
印　　刷： 深圳市彩美印刷有限公司
网　　址： www.hrbcbs.com　www.mifengniao.com
E-mail： hrbcbs@yeah.net
编辑版权热线：（0451）87900271　87900272
销售热线：（0451）87900202　87900203

开　　本： 889mm × 1194mm　1/16　**印张：** 14　**字数：** 70千字
版　　次： 2020年11月第1版
印　　次： 2020年11月第1次印刷
书　　号： ISBN 978-7-5484-5439-7
定　　价： 124.00元（全7册）

凡购本社图书发现印装错误，请与本社印制部联系调换。
服务热线：（0451）87900278

目录

陆地的形态

哈里和他的狗狗拉夫正坐着热气球，俯瞰着地面。他们可以看见高山和深谷，平原和山坡。哈里想知道，为什么有些地面平坦，有些却很崎岖。

它怎么变成那样的?

火　山

哈里和拉夫待在安全距离内观察着火山。火山是一座内部有火山口或者岩浆通道的山。沸腾的液态岩石喷出成为熔岩，顺着山坡倾泻而下。

地球的外层，也叫地壳，是坚硬的岩石。它有点像一幅拼图，由一些大块岩石构成，厚度达 70 到 100 千米。这些大块岩石被称作板块，漂浮在液态熔岩之上。当它们移动时，上面的地面会改变形状。液态岩石从地壳的洞中冲出后，会堆积形成火山。

地　震

地壳上的板块与板块相互挤压或者分离，会引发地震现象。

很多地震发生在两大板块擦身而过的时候。

地震时地面会震动。建筑物可能会倒塌。

山　脉

哈里和拉夫可以看到远处的一大片山脉，形成这些山
需要数百万年的时间。当地壳上的两大板块相互推挤时，
分地面逐渐被压缩折叠，从而形成山脉。

就像这样！

水

哈里和拉夫飞到了一个地方，雨水和河流用更温柔的
式塑造了这里的地形。

哈里和拉夫往一托盘湿沙里慢倒入水。他们制造的“河流”走了一些沙子，形成一条沟渠，就是“河谷”。你也试着在沙里制造一条“河谷”吧。

一些雨水会渗透到地下。在地面深处，雨水做了些我们看不见的事。它磨损了某些种类的岩石，侵蚀出深深的洞穴。

冰

数千年前，冰河，也就是冰川，塑造了一些河谷。冰川非常非常缓慢地向山下移动，形成了一条环形路径。

后来，地球慢慢变暖，冰川融化成水。水流走后，就留下了一条河谷。在世界上一些寒冷地区，这种现象现在还在发生。

风把碎石或沙粒吹向岩石。碎石或沙粒刮擦岩石表面，造成磨损。

岩石、卵石和沙子

哈里和拉夫降落到沙滩上，在海边的大岩石上野餐。浪花飞溅到沙滩上，撞击着岩石。暴风雨来临时，波浪猛烈撞击着岸上的岩石和卵石。海浪的泼溅和摩擦侵蚀陆地，改变了海岸线的形状。

卵石和石头是阳光、霜冻和雨水侵蚀而成的小块岩石。

波浪拍打着卵石，让它们相互撞击摩擦，形成沙子。沙粒再随水流走。

什么是土壤?

野餐过后，哈里和拉夫再次启程。他们飞过大片田野，看到有些田地里种着玉米，有些则刚被犁过，土壤被翻了个面儿。哈里想弄清楚什么是土壤。

土壤是由地面上的
岩石和腐烂的动植
物残体构成的……
……还混合
了空气和水。
空气和水促进死
掉的动植物腐烂，
让土壤有利于植
物生长。

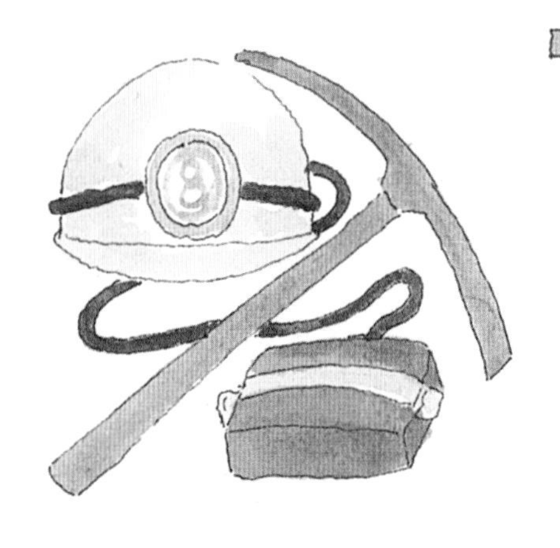

矿　物

哈里和拉夫发现，岩石是由矿物构成的。矿物是一种不同于动物和植物的物质。不同的岩石中有不同的矿物。地球上大约有 3000 多种矿物。

为了从地下获得有用的矿物,人们会铲掉地面或者在地下深挖。

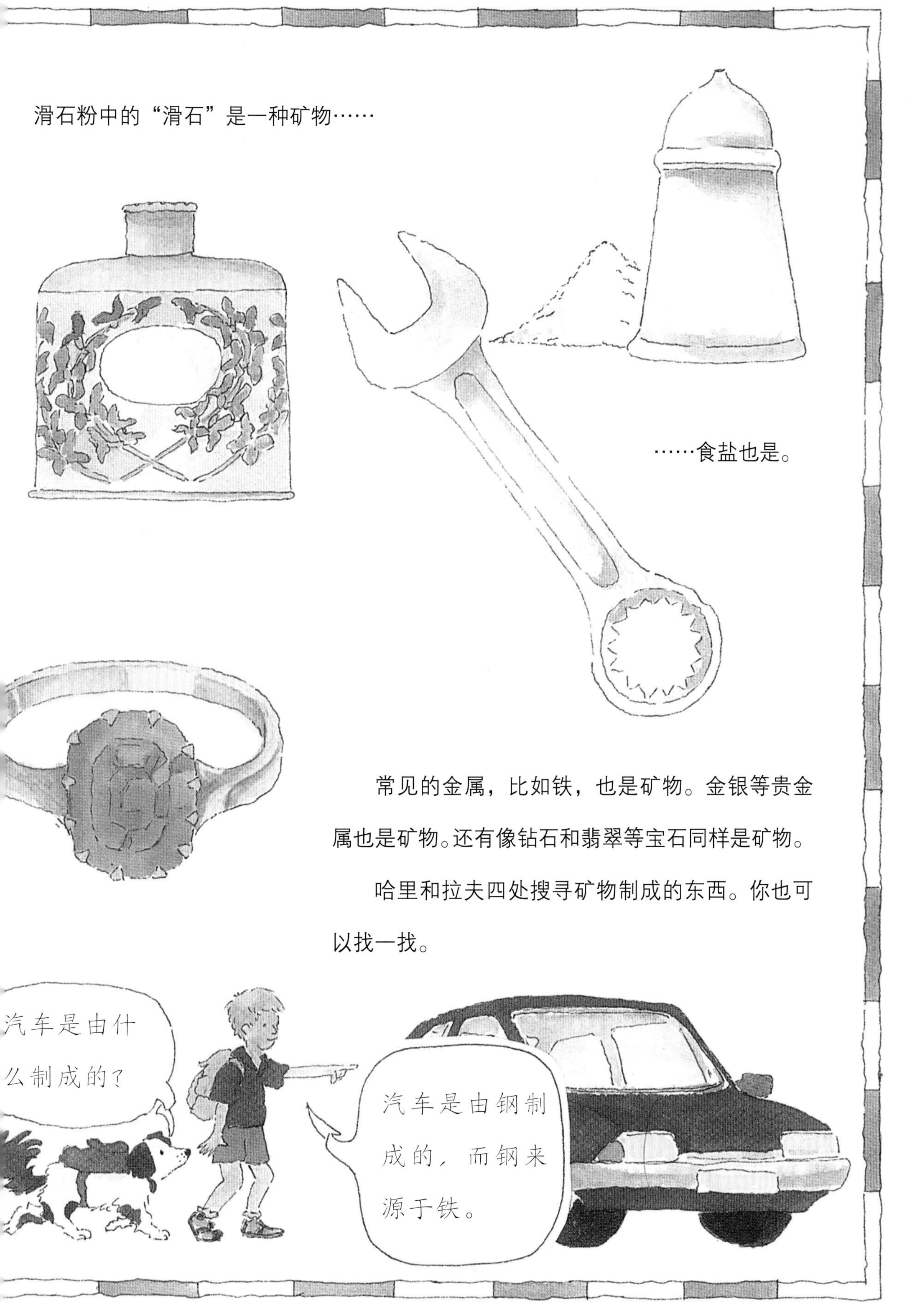

滑石粉中的“滑石”是一种矿物……

……食盐也是。

常见的金属，比如铁，也是矿物。金银等贵金属也是矿物。还有像钻石和翡翠等宝石同样是矿物。

哈里和拉夫四处搜寻矿物制成的东西。你也可以找一找。

什么是煤炭和石油？

大约三亿年前，长相奇异的动物们在陆地上漫步，咸水湖附近长着大片森林。

树木死后倒塌，掉进咸水湖里。咸水湖底部的泥土覆盖了树木，防止它们腐烂。渐渐地，越来越多的泥沙压在树上。经过数百万年时间，泥沙层硬化成岩石。而这些岩石层的重量和热量促使树木变成坚硬的黑色煤炭。

煤炭是由包裹在岩石层中的植物构成的。

石油是由微小植物和海洋生物构成的，形成过程与煤炭相似。石油可以润滑机器，也可以被用于制造汽油。

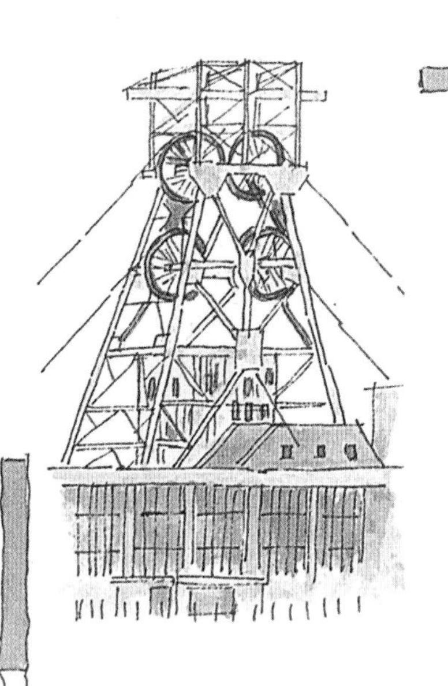

采　矿

这是一个煤矿。矿工领着哈里和拉夫到地下参观。一个矿井穿过岩石向下延伸至煤层。煤层里有一些隧道。那些隧道的顶部用结实的柱子支撑。矿工们切下很多煤块，然后通过小火车或者传输带把煤块运到电梯上，带到地面。

我们烧煤来取暖。
新鲜空气从这个井里被抽到下面。
我能坐那辆火车吗？

化 石

哈里和拉夫又回到海边寻找化石——保存在岩石层中的古生物的遗体、遗迹等。

地球需要几百万年的时间才能塑造出陆地，并且形成煤炭、石油和化石。这是个缓慢而持续的过程。

或许，化石现在正在你的脚下形成。

索　引